百年記憶兒童繪本

李東華｜主編

光　明

張曉玲｜文　　顧寶新｜繪

中 華 教 育

天，快亮了。

「吃飯！快吃飯！都絕食五天了。不吃飯，想餓死嗎？」

「我們要求改善監獄條件！」

「讓小蘿蔔頭上學！」

「小蘿蔔頭關在這裏五年多了，現在他六歲了，應該上學了！」

「不答應我們的要求，我們就不吃飯！」

牢房中傳出了憤怒的聲音。

小蘿蔔頭醒了。這些年來，他每天醒來後的第一件事，就是瞇着眼睛，抬頭看着從前方氣窗那裏透進來的一絲黎明的光線。

氣窗前掠過一個小小的黑影，一眨眼就不見了。那是一隻鳥嗎？

媽媽走過來，和小蘿蔔頭一起聽着外面傳來的聲音。

「叔叔阿姨們正在為你爭取上學的機會呢。要是成功了，你一定要好好珍惜啊。」

「嗯！」小蘿蔔頭用力點頭。

那天下午，「哐啷」一聲，牢門被打開了，一個氣勢洶洶的身影出現在門口。

「小蘿蔔頭，出來！」

「你要做甚麼？」媽媽擋在小蘿蔔頭前面。

「不是一直吵着嚷着要上學嗎？上面同意了。」看守冷冷地說。

上學要準備的東西，還真不少呢。

之前每次放風的時候，叔叔阿姨們總會時不時地塞給小蘿蔔頭一兩張紙。現在，小蘿蔔頭已經擁有很多紙了。

這些紙每一張都不相同，有的大一點，有的小一點，有的白一點，有的黃一點，有的平平整整，有的皺皺巴巴的，還有的缺了一角……它們是小蘿蔔頭的寶藏。

媽媽從破毯子上抽了一根線，就着氣窗漏下來的一點點微弱光線，小心翼翼地把這些紙壓平，弄整齊，訂成了一本本子。

隔壁的阿姨們把樹枝磨尖了，做成了一支「筆」。

媽媽又從舊被子裏抽出棉絮，燒成灰，和水搗一搗，做成了「墨汁」。

背上用舊衣服改成的小書包，小蘿蔔頭一下子變得神氣起來。

「我們的小蘿蔔頭，要上學啦！」媽媽微笑着說，眼裏有甚麼東西在閃着光。

這一天，是個大晴天。

「叔叔早，今天我第一天上學！」

小蘿蔔頭路過每一間牢房的門口，都跟裏面的人熱情地打招呼。

「小蘿蔔頭，你學幾門課啊？」

「小蘿蔔頭，學會了來教我們啊！」

裏面的人同樣熱情地回應。

小蘿蔔頭來到羅伯伯的牢門前。

看守打開了牢門。

「羅伯伯，早！」

「今天要改口叫羅老師。」羅伯伯四十來歲，黑黑瘦瘦，臉上有風刀霜劍的痕跡。

「嗯，羅老師，早！」小蘿蔔頭的聲音稚嫩又響亮。

羅伯伯拿出一個本子，翻到了第一頁。上面寫着兩行字，小蘿蔔頭看不懂。

「今天是我們獄中學校開學的第一天，我們來上第一課，這一課非常非常重要。」羅伯伯說道，「來，跟老師唸。我——是——一——個——好——孩——子。」

小蘿蔔頭奶聲奶氣地跟着唸：「我——是——一——個——好——孩——子。」

羅伯伯指向第二行字：「我——愛——中——國。」

「我——愛——中——國。」小蘿蔔頭又一個字一個字地跟着唸。

「我們來學寫這些字。」羅伯伯說。

小蘿蔔頭點點頭，翻開作業本，認真地、一筆一畫地開始寫。

這些字可真難啊！小蘿蔔頭寫得滿頭大汗。但是，這些字又似乎都閃爍着光芒，充滿奧祕，牢牢地吸引着他。

「小蘿蔔頭，你會寫自己的名字嗎？」

「我會寫，媽媽教過我。」小蘿蔔頭說完，用筆蘸上墨汁，在練習本的封面上歪歪扭扭寫下了「宋振中」三個字。

「這是一個好名字。」羅伯伯說。

「嗯，我知道。媽媽說，這個名字的意思，就是振興中華。」

「羅伯伯，不，羅老師，我喜歡你這裏。」小蘿蔔頭從本子上抬起頭說。

「為甚麼？」

「因為這裏有光。」

「有光？」

「嗯，有光，亮堂。」小蘿蔔頭認真地說。

羅伯伯有些動容地伸出手，輕輕摸了摸小蘿蔔頭的大腦袋。

從那以後，小蘿蔔頭天天去上課。他上午跟着羅伯伯上語文課，下午跟着車伯伯上數學課。

小蘿蔔頭好喜歡上學！

偶爾他也喜歡停下腳步，考一考路過的牢房裏的叔叔：「叔叔，我問你，假如雞和兔子被關在一個籠子裏……」

小蘿蔔頭覺得，自己時時刻刻被一束光追趕着，照耀着。

從羅伯伯那裏出來，小蘿蔔頭總愛在院子裏待一會兒，從那裏可以看到高牆上四四方方的天空，那麼明亮，那麼高遠。

「啾啾啾啾……」一隻小鳥撲棱着翅膀，從樹上飛起，略一盤旋，便飛過高牆，消失了。

小蘿蔔頭想，總有一天，他也要和這隻小鳥一樣，去外面的世界，到那很遠很遠、很亮很亮的地方去。

1949年9月6日，九歲的小蘿蔔頭和父母一起被殺害於重慶歌樂山下的松林坡。

◎責任編輯 楊紫東
◎裝幀設計 鄧佩儀
◎排　　版 鄧佩儀
◎印　　務 劉漢舉

百年記憶兒童繪本

光　明

李東華｜**主編**　張曉玲｜**文**　顧寶新｜**繪**

出版｜中華教育
香港北角英皇道 499 號北角工業大廈 1 樓 B 室
電話：(852) 2137 2338 傳真：(852) 2713 8202
電子郵件：info@chunghwabook.com.hk
網址：http://www.chunghwabook.com.hk

發行｜香港聯合書刊物流有限公司
香港新界荃灣德士古道 220-248 號荃灣工業中心 16 樓
電話：(852) 2150 2100　傳真：(852) 2407 3062
電子郵件：info@suplogistics.com.hk

印刷｜迦南印刷有限公司
香港葵涌大連排道 172-180 號金龍工業中心第三期 14 樓 H 室

版次｜2023 年 4 月第 1 版第 1 次印刷

規格｜12 開 (230mm x 230mm)

ISBN｜978-988-8809-60-8